畜禽主导品种简介

全国畜牧总站　组编

中国农业出版社

北　京

图书在版编目（CIP）数据

畜禽主导品种简介 / 全国畜牧总站组编. —北京：
中国农业出版社，2021.1（2022.7重印）
ISBN 978-7-109-28043-4

Ⅰ.①畜… Ⅱ.①全… Ⅲ.①畜禽—种质资源—介绍
—中国 Ⅳ.①S813.9

中国版本图书馆CIP数据核字（2021）第048188号

中国农业出版社出版
地址：北京市朝阳区麦子店街18号楼
邮编：100125
责任编辑：张艳晶
版式设计：杨 婧 责任校对：吴丽婷
印刷：中农印务有限公司
版次：2021年1月第1版
印次：2022年7月北京第3次印刷
发行：新华书店北京发行所
开本：787mm×1092mm 1/16
印张：7.25
字数：150千字
定价：62.00元

编者名单

主　编　杨振海　时建忠
副主编　史建民　薛　明
编　委　时建忠　于福清　潘玉春　陈瑶生　杨　宁
　　　　邹剑敏　张胜利　李俊雅　李发弟　田可川

主要撰稿人（按姓氏笔划顺序）
　　　　于福清　王泽昭　田可川　史建民　李发弟
　　　　李俊雅　杨　宁　邹剑敏　张胜利　陈瑶生
　　　　韩　旭　蒲亚斌　潘玉春　薛　明

目 录

猪

奶牛

肉牛

羊

羊

肉鸡

肉鸡

蛋鸡

鸭

鹅

鸽和
鹌鹑

猪
品种

　　目前，我国猪品种共有127个，其中地方猪种83个，培育品种及配套系38个，引进品种6个。引进品种主要以杜洛克猪、长白猪和大白猪三个品种为主，具有生长发育速度快的特点，在杂交改良中作为父本，地方猪种则由于其产仔数高和肉质好等特点，在杂交改良中常作为母本。目前，使用最广泛的商品猪生产模式是长白猪与大白猪的一代杂种母猪，再与杜洛克公猪杂交，生产的"杜×长×大"三元杂交猪，商品猪出栏重为110～130kg，屠宰率约为70%。

　　我国能繁母猪引进品种和地方品种占比大致为：地方猪品种，约占总数的5%；外来瘦肉型猪种（杜、大、长），占5%～7%；长白猪和大白猪二元杂交母猪，占85%以上；外来猪种和地方猪种杂交母猪，约占3%。

长白猪原产于丹麦，在世界各地均有分布，是世界三大瘦肉型猪种之一，广泛应用于母系猪选择。

长白母猪初情期170~200d，适宜配种日龄230~250d，体重110~120kg。母猪总产仔数初产9头以上，经产10头以上；21日龄窝重初产40kg以上，经产45kg以上。长白猪达100kg体重日龄为170d，饲料转化率2.7：1，100kg体重活体背膘厚15mm，屠宰率72%。

长白猪在三元杂交商品猪生产体系中，常作为母系猪的父本，全国各地均有分布。根据全国种猪遗传评估中心统计结果，目前89家国家生猪核心育种场存栏长白猪核心群种猪2.1万头。

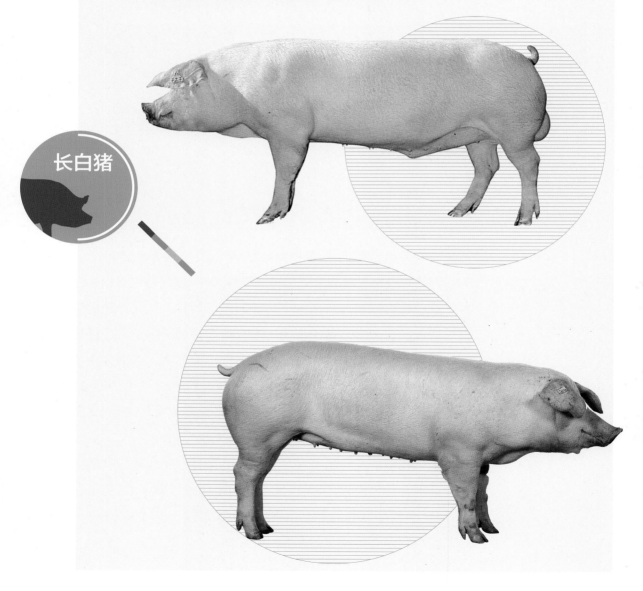

长白猪

大白猪

大白猪原产于英国，在世界各地均有分布，是世界第一大瘦肉型猪种，广泛应用于母系猪选择。

大白母猪初情期165～195d，适宜配种日龄220～240d，体重130kg以上。母猪总产仔数初产9头以上，经产10头以上；21日龄窝重初产40kg以上，经产45kg以上。大白猪达100kg体重日龄175d，饲料转化率2.7∶1，100kg体重活体背膘厚15mm，屠宰率72%。

大白猪在三元杂交商品猪生产体系中，广泛应用于母系猪的第一母本，全国各地均有分布。根据全国种猪遗传评估中心统计结果，目前89家国家生猪核心育种场存栏大白猪核心群种猪7.0万头。

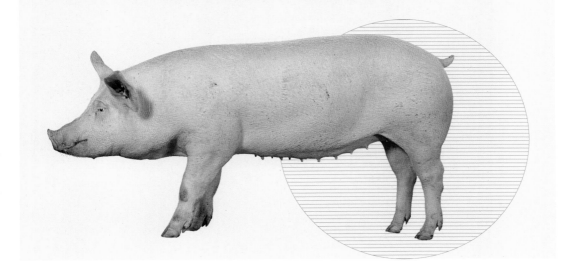

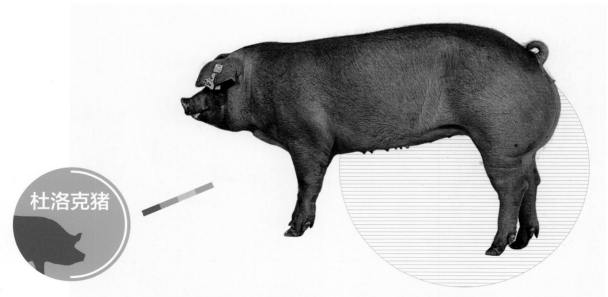

杜洛克猪

杜洛克猪原产于美国东北部，在世界各地均有分布，是世界三大猪种之一，广泛应用于终端父本。

杜洛克母猪初情期170～200d，适宜配种日龄220～240d，体重120kg以上。母猪总产仔数初产8头以上，经产9头以上；21日龄窝重初产35kg以上，经产40kg以上。达100kg体重日龄175d，饲料转化率2.8∶1，100kg体重活体背膘厚15mm，屠宰率70%以上。

杜洛克猪在我国主要作为终端父本使用，对改良我国地方品种效果明显，全国各地均有分布。根据全国种猪遗传评估中心统计结果，目前89家国家生猪核心育种场存栏杜洛克核心群种猪1.5万头。

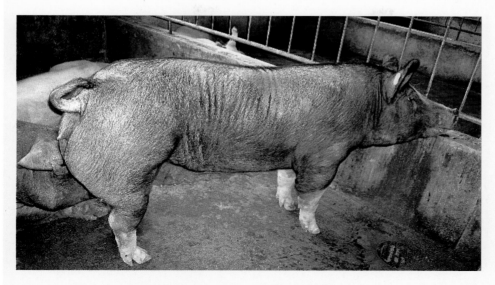

　　巴克夏猪原产于英格兰巴克郡，在世界各地均有分布，被普遍用作杂交父本。

　　巴克夏猪性成熟较早，5～6月龄就可配种，但适宜初配月龄为8月龄，体重在80kg左右。在以青饲料为主，适当搭配精料的条件下，达90～100kg体重日龄约为240d。宰前活重约112kg时，屠宰率72%、瘦肉率56%、平均背膘厚37mm。

　　巴克夏猪被广泛用于杂交生产，对促进猪种的改良起到很好的作用。利用巴克夏猪与本地品种杂交选育，形成了新金猪、北京黑猪、山西黑猪等培育品种。

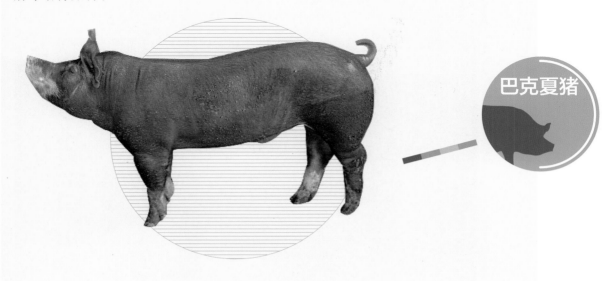

巴克夏猪

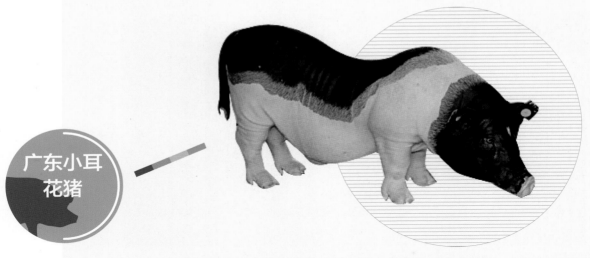

广东小耳
花猪

广东小耳花猪属于华南型猪种，是我国优质地方猪种，是列入国家畜禽遗传资源品种名录两广小花猪的一个类群，主要分布于广东省湛江市、茂名市下属各县区，是目前广东粤西地区存栏量较大的优质地方猪种之一。

广东小耳花猪公猪12月龄体重约65.5kg，母猪12月龄体重约78.9kg。性成熟早，公猪两月龄起开始有性行为，3～4月龄、体重达30kg开始配种；母猪初情期4～5月龄，6～7月龄，体重达40kg以上开始配种。母猪初产仔10头以上，经产12头以上，高产的可达20头。育肥期日增重约307g，屠宰率68%，胴体中瘦肉率37%。

广东小耳花猪是很好的育种素材，是杂交利用的理想母本，与瘦肉型公猪杂交，具有显著的杂种优势，其后代具有父母品种的优良特性。

陆川猪因主产于广西东南部的陆川县而得名，是我国优质地方猪种，是列入国家畜禽遗传资源品种名录两广小花猪的一个类群，主要分布在广西陆川县境内。

陆川猪成年公猪体重80～130kg，成年母猪体重78kg。性成熟早，公猪2～3月龄就能配种，初配体重不到30kg；母猪初配年龄为5～8月龄，窝产仔数12.8头。陆川猪肉质优良，肌内脂肪含量高达7.7%。肥育猪一般饲养条件下，12月龄达106kg，料重比4.23：1，屠宰率68%，胴体瘦肉率37%。

陆川猪母性好、繁殖力高、杂交优势明显，是重要的育种素材，已育成"龙宝1号"猪配套系。

陆川猪

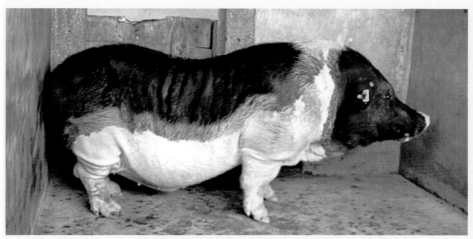

莱芜猪

莱芜猪是我国华北型优良地方猪种，已列入国家畜禽遗传资源品种名录，主产区山东省。

莱芜猪具有肉质好、繁殖率高、耐粗抗病、杂交优势明显等特性。成年公猪体重130kg左右，成年母猪150kg左右。经产母猪窝均产仔数15头，育肥期日增重450g，料重比4.1∶1，瘦肉率43%，肌内脂肪含量平均11.6%。母猪初配年龄6～7月龄，公猪初配年龄7～8月龄。

莱芜猪既可以纯繁生产高端品牌猪肉，也可以作为育种素材（母本）培育优质肉猪新品种（配套系）。目前利用莱芜猪已培育出鲁莱黑猪、鲁农I号猪等多个新品种或配套系，已推广至全国20多个省市。

吉神黑猪是以北京黑猪为父本，大约克夏猪为母本，采取群体继代选育法，培育成的优质瘦肉型黑猪。培育单位是吉林精气神有机农业股份有限公司等。

吉神黑猪母猪初情期160～190d，适宜配种日龄为200～220d，体重95kg以上；母猪平均窝产仔10头，经产平均11头，21日龄平均窝重52kg；达100kg体重日龄为200d，料重比3.2∶1；100kg体重活体背膘厚25mm，屠宰率73%。

吉神黑猪具有猪肉风味良好、抗寒、抗逆性强、遗传性能稳定等种质特性，适应北方寒冷气候以及散养的饲养方式。目前育种核心群种猪4 000余头。

吉神黑猪

湘村黑猪

　　湘村黑猪是以湖南地方品种桃源黑猪为母本，引进品种杜洛克猪为父本，经杂交合成和群体继代选育培育成的新品种。培育单位是湘村高科农业股份有限公司等。

　　湘村黑猪初情期210～240d，适宜配种日龄250～260d；初产母猪平均窝产仔9头以上，经产10头以上；21日龄窝重初产35kg以上，经产40kg以上；达100kg体重日龄230d，饲料转化率3.34：1；屠宰率75%，胴体瘦肉率59%；肌内脂肪含量3.8%，大理石纹丰富，pH较高，肌肉保水力强。

　　湘村黑猪体质结实，抗逆性强，后备猪和成年猪对热应激和冷应激没有明显的临床反应，仔猪黄白痢发病率低；后备猪发情明显，发情期受胎率在90%以上；既适应大型猪场和专业户较高营养水平的饲养，也适应散户较低营养水平的饲养。

苏太猪

苏太猪是以世界上产仔数最多的二花脸猪、梅山猪、枫泾猪（原称太湖猪）为母本，以杜洛克猪为父本，通过杂交育种方式培育而成的新品种。培育单位是苏州市苏太企业有限公司等。

苏太母猪的初情期平均为122d，适宜配种日龄180～210d，体重在80～90kg。在正常饲养条件下，育肥猪180d，体重达85kg，胴体瘦肉率56%左右；经产母猪平均窝产仔13头左右。以苏太猪为母本，与大约克夏或长白公猪杂交生产的"苏太杂优猪"，胴体瘦肉率60%以上，164日龄体重达到90kg，日增重720g，料重比2.98∶1。

苏太猪集中了中外良种猪的优点，肉质鲜美，深受消费者的欢迎。目前已推广到全国30个省（自治区、直辖市）。

北京黑猪原产于北京，主要分布于华北及东北地区，由亚、欧、美的诸多品种培育而成，广泛应用于母系猪选择。

北京黑猪母猪初情期为180～210d，适宜配种日龄230～260d，体重105～120kg。初产母猪平均窝产仔10头以上，经产11头以上；35日龄窝重初产57kg以上，经产62kg以上。达95kg体重日龄192d，饲料转化率3.1∶1，95kg体重活体背膘厚28mm，屠宰率71%。

北京黑猪在优质杂交商品猪生产体系中，常作为母系猪的父本，华北和东北地区均有分布。目前北京黑猪核心群种猪存栏2 100头。

北京黑猪

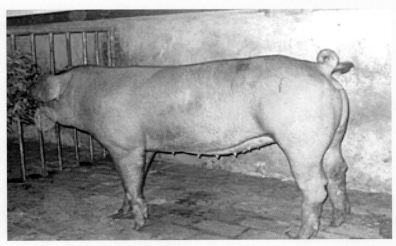

天府肉猪

天府肉猪是以三大外种猪品种（杜洛克、长白猪、约克夏）和我国地方品种梅山猪为育种素材，通过持续选育培育而成的具有产肉性能高、繁殖性能较好、肉质优良的三元配套系。由四川铁骑力士牧业科技有限公司和四川农业大学等单位培育而成。

天府I系是以杜洛克为基础选育的专门化终端父系，全身被毛为红棕色，臀部丰满，四肢粗壮。达100kg体重日龄170d，活体背膘厚8.8mm；30～100kg日增重943g，料重比2.38：1；屠宰率70%，胴体瘦肉率65%，肉色评分3.6，肌内脂肪含量2.0%；产仔数初产9头、经产10头。

天府Ⅱ系是以长白猪为基础选育出的专门化母本父系，全身被毛为白色，腹部平直或微向下垂。达100kg体重日龄171d，活体背膘厚8.1mm，30～100kg日增重820g；屠宰率72%，胴体瘦肉率70%；肌内脂肪含量1.5%；产仔数初产11头、经产12头。

天府Ⅲ系是以大白猪为基础，导入6.25%梅山猪血缘选育出的专门化母系母本。全身被毛白色，有少量花斑，嘴较长，耳大略前倾，背宽凹陷，腹部微下垂，四肢粗壮，体躯长，性情温驯，母性好，有效乳头7对以上，泌乳力强。达100kg体重日龄170d，料重比2.47∶1；屠宰率72%，胴体瘦肉率68%；肌内脂肪含量2.0%；产仔数初产11头、经产12头。

天府肉猪

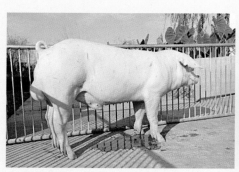

奶牛
品种

　　奶牛是指以泌乳为主要经济目标，经高度选育专门用来进行牛奶生产的牛品种总称。我国奶业生产中所用奶牛品种，以自主培育品种中国荷斯坦牛为主，占75%以上；以引进品种娟姗牛和其他乳肉兼用型品种为辅。目前我国兼用型品种主要有西门塔尔牛、新疆褐牛、三河牛等。中国荷斯坦牛平均年产奶量可达7 500kg以上，娟姗牛在我国舍饲条件下，平均年产奶量可达5 500kg左右。

荷斯坦牛是全世界分布最广、存栏数量最多的奶牛品种，以体型大、产奶量高著称，其特点是适应性强、性情温驯、饲料转化率高，多数国家奶牛品种都是以荷斯坦牛最为普遍。中国荷斯坦牛的培育有一百多年的历史，由纯种荷斯坦公牛与中国本地黄牛进行级进杂交改良，并对其后代进行横交固定和多个世代的选育，培育形成的中国奶牛品种，1985年经审定命名为"中国黑白花奶牛"，1992年正式更名为"中国荷斯坦牛"。

中国荷斯坦牛成年体重公牛在1 000～1 200kg，母牛在600～750kg。母牛性成熟较早，母牛在12～16月龄即可初配，妊娠期278～288d；产后第一次发情时间多在30～75d，产犊间隔一般在370～410d。目前，中国荷斯坦牛平均年产奶量在7 500kg以上，其中规模奶牛场普遍在8 500kg以上，乳脂率为3.4%～3.9%，乳蛋白率为2.8%～3.3%。中国荷斯坦牛通常耐热性相对较差，在高温高湿时产奶量会明显下降，我国主要集中在北方地区饲养。2019年，我国奶牛存栏1 044.7万头，其中中国荷斯坦牛约占75%，新疆、内蒙古、河北存栏量排前三位。

娟姗牛是英国培育的小体型奶牛品种，原产于英吉利海峡南端的娟姗岛，由当地牛与法国布列塔尼牛（Brittany）和诺曼底牛（Normandy）杂交选育而成，18世纪已闻名世界，以乳脂率和乳蛋白率高、乳房形状好而著称。

　　娟姗牛具有细致紧凑的体型，成年公牛体重650～750kg，母牛体重400～500kg。年平均产奶量4 500～6 000kg，乳脂率4.5%～6.5%，乳蛋白率3.7%～4.5%。美国娟姗牛协会公布的2019年全美登记娟姗牛平均产奶量高达9 084kg，乳脂率4.84%，乳蛋白率为3.71%，奶酪产量为1 148kg。

　　娟姗牛耐高温、高湿性能优于荷斯坦牛，在热带地区的适应性较好，饲料转化率高，牛奶品质优良，在一些国家常被用来改良低乳脂品种和改善奶牛的耐热性。据FAO统计，全世界82个国家饲养有娟姗牛，尤以美国、加拿大、新西兰、澳大利亚、南非等国数量较多。近年来，我国广东、广西、四川、辽宁、北京、山西等地区陆续从美国、澳大利亚和新西兰引进一定数量的娟姗牛，主要用于发展优质乳制品生产。目前全国存栏娟姗牛10万～15万头，在辽宁辉山乳业集团和北京首农畜牧发展有限公司等企业形成一定饲养规模。

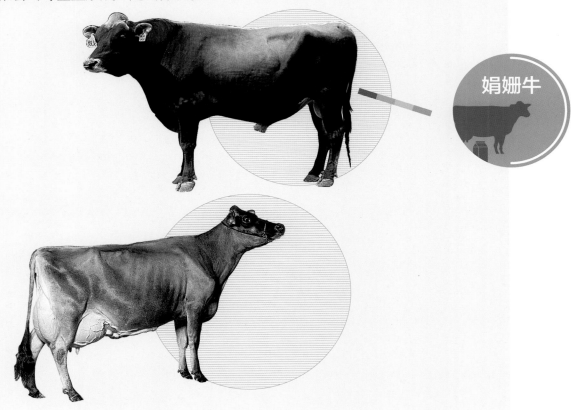

娟姗牛

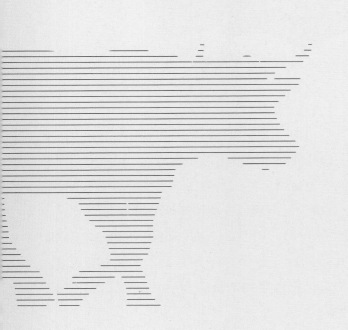

肉牛
品种

　　我国肉牛生产中现有地方品种55个，培育品种9个，引进品种20余个。引进品种主要有西门塔尔牛、安格斯牛、利木赞牛、夏洛来牛和和牛等，具有生长速度快、产肉性能高等特点。地方品种以秦川牛、南阳牛、鲁西牛和延边牛等为代表，具有肉质好、耐粗饲等特点。培育品种包括夏南牛、延黄牛、辽育白牛、云岭牛4个肉用专用品种，中国西门塔尔牛、新疆褐牛、三河牛、草原红牛、蜀宣花牛5个乳肉兼用品种。肉牛生产多以引进品种作为父本，本地黄牛作为母本进行二元杂交生产，商品代肉牛18月龄出栏体重600kg左右，屠宰率60%左右。

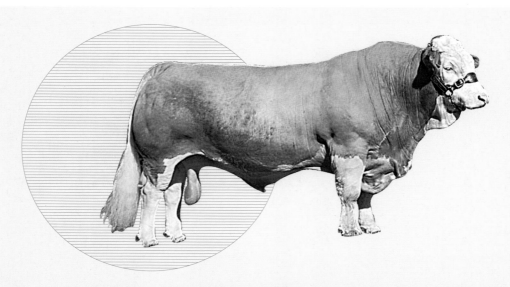

西门塔尔牛原产于瑞士西部的阿尔卑斯山区，在法国、德国、奥地利等国均有大量分布，是仅次于荷斯坦牛的世界第二大牛品种。在欧洲主要是乳肉兼用，在美国、加拿大、阿根廷及英国等是肉用为主。

西门塔尔牛成年公牛体重1 000～1 300kg，母牛600～800kg，成年公牛屠宰率60%～63%。母牛初配年龄为15～18月龄，公牛初配年龄为14～18月龄。乳肉兼用型母牛全群平均产量6 500～7 000kg，乳脂率3.85%～4.1%，乳蛋白率3.2%～3.4%。

西门塔尔牛在我国主要作为杂交父系使用。现有杂交群体规模600万头左右，主要分布在内蒙古、河北、吉林、新疆等26个省（自治区）。2002年，我国利用引进西门塔尔牛与地方牛种培育成了乳肉兼用的"中国西门塔尔牛"。

西门塔尔牛

利木赞牛原产于法国中部的利木赞高原，属于专门化的大型肉牛品种。利木赞牛毛色多为一致的黄褐色，体格强壮，抗病力强，适应性强。

利木赞牛成年公牛体重950～1 100kg，母牛600～900kg，18月龄育肥牛屠宰体重563kg，屠宰率为63%～71%。母牛初配为18～20月龄，公牛初配为18～24月龄。

从20世纪70年代初到90年代，我国数次引进利木赞牛，在辽宁、山东、宁夏、河南、山西、内蒙古等地改良当地黄牛，改良效果好。利木赞牛作为黄牛改良的父本，杂交优势明显。2008年，我国利用引进利木赞牛与延边牛种培育成了肉用专门化新品种"延黄牛"。

利木赞牛

夏洛来牛

夏洛来牛原产于法国中部的夏洛来和涅夫勒地区，属于大型肉用品种，具有体型大、生长迅速、瘦肉多、饲料转化率高等特点。

夏洛来成年公、母牛体重分别为1 140kg和735kg，屠宰率为60%～70%。母牛初配年龄为17～20月龄，公牛初配为14～18月龄。

夏洛来牛目前主要分布在东北、西北和南方地区。该品种与我国本地牛杂交表现为杂交后代体格明显加大，增长速度加快，杂种优势明显。目前，夏洛来牛改良牛头数超过100万头。2007年、2009年，我国利用引进夏洛来牛分别与地方牛种培育成了肉用专门化新品种"夏南牛"和"辽育白牛"。

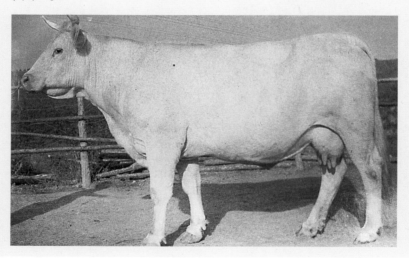

安格斯牛原产于苏格兰。现分布于世界各地，是英国、美国、加拿大、新西兰和阿根廷等国的主要牛种之一。具有饲料转化率高、泌乳力强和大理石花纹明显等特点。

安格斯牛成年体重公牛700～900kg，母牛500～600kg，屠宰率为60%～65%。母牛初配为13～14月龄，公牛初配为15～18月龄。

我国1974年开始陆续从英国、澳大利亚引进安格斯牛，与本地黄牛进行杂交。2013年开始，大量从澳大利亚引进安格斯牛，目前国内纯种群大约3万头，主要分布在西北、东北地区及湖南、重庆等地。

安格斯牛

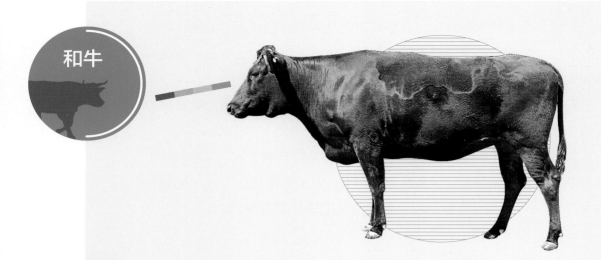

和牛

和牛是日本改良牛中最成功的品种之一，是全世界公认的优良肉用牛品种。目前，澳大利亚、美国、加拿大、欧洲均成立了和牛协会进行遗传改良和优质牛肉生产。和牛具有成熟早、牛肉价值高、肉质好等特点。

和牛成年体重公牛约950kg，母牛约620kg，20月龄屠宰率达62%，26月龄屠宰率达65%。母牛初配为15～20月龄，公牛初配为16～22月龄。

近年来，我国大批量以活体（近10 000头）或胚胎的形式从澳大利亚引入，主要与国内群体杂交生产高档优质牛肉。现有杂交群体15万～20万头，分布于陕西、山西、内蒙古、山东、河北、河南、安徽、黑龙江、吉林、辽宁、新疆、海南等20多个省（自治区）。

渤海黑牛原名无棣黑牛，属役肉兼用型品种，是我国少有的黑毛色地方良种牛资源。主产区位于山东省，当前存栏2.2万头。

渤海黑牛成年体重公牛约480kg，母牛约380kg，屠宰率为53%。在正常饲养管理条件下，母牛初配年龄为1.5岁，公牛初配为1.5～2岁。

渤海黑牛与其他品种牛进行杂交，经过系统选育，能够培育出有特色的地方肉用品种。目前，在山东和河北分布较为广泛。

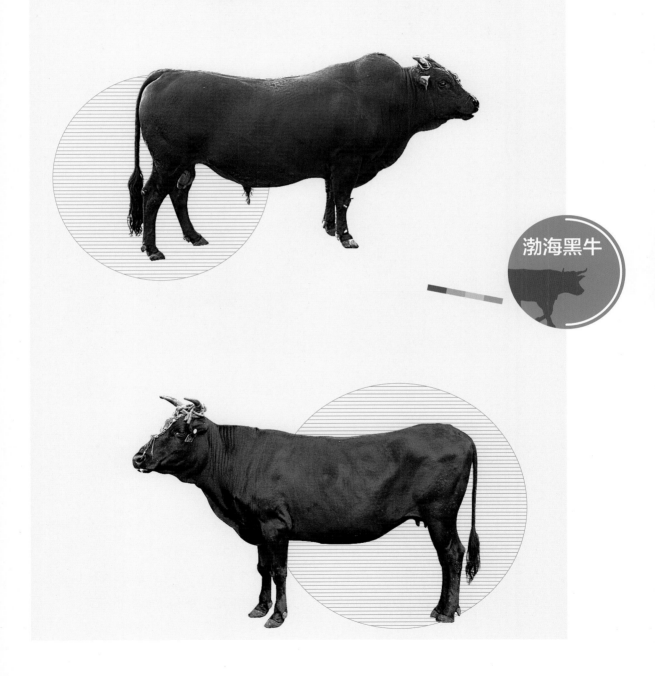

渤海黑牛

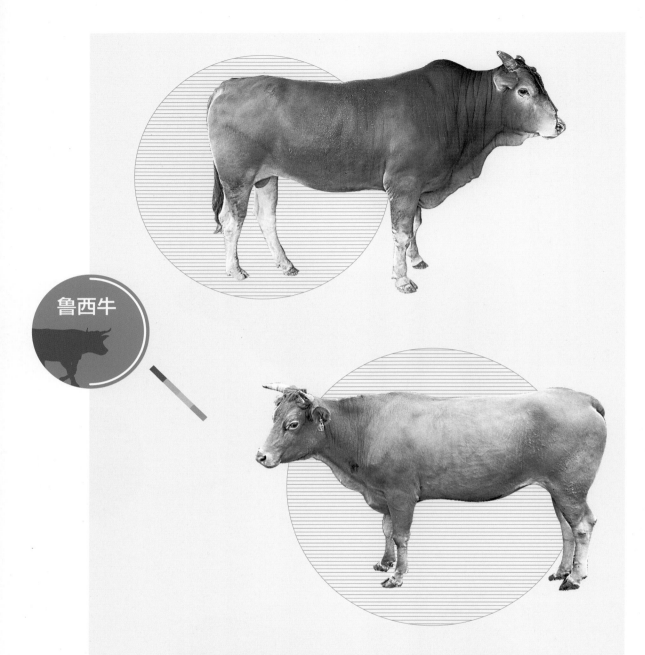

鲁西牛

鲁西牛属于役肉兼用型品种，主产区位于山东省。以体大力强、肉质良好而著称。

鲁西牛成年体重公牛512kg左右，母牛470kg。成年公牛屠宰率为57%。母牛初配为14～24月龄，公牛初配为24～30月龄。

20世纪70年代，山东省引入利木赞牛对主产县之外的鲁西黄牛进行杂交改良试验，80年代后进行了大范围的推广，取得了良好的效果。

南阳牛属役肉兼用型品种，主产区位于河南省，存栏60余万头。具有繁殖性能较强，性成熟早、肉质好、耐粗饲、适应性强等特点。

南阳牛成年体重公牛约650kg，母牛约420kg。18月龄短期育肥的公牛屠宰活重435kg，屠宰率55%。母牛初配年龄为2岁，公牛初配年龄1.5～2岁。

南阳牛

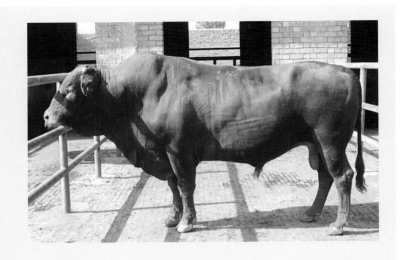

秦川牛

秦川牛是中国黄牛中体格较大的役肉兼用型品种，主产区位于陕西省，现存栏约43万头。

秦川牛成年体重公牛约620kg，母牛约420kg，25月龄公牛屠宰体重590kg，屠宰率为63%。母牛初配年龄为15～20月龄，公牛初配年龄为18～22月龄。

多年来的实践表明，秦川牛作为父本改良杂交山地小型牛，或作为母本与国外引进的大型品种牛杂交，效果普遍良好。

延边牛（又名朝鲜牛），属于役肉兼用型，主产区位于吉林、辽宁两省，存栏约50万头，具有耐寒、肉质好、牛皮质量优良、抗病能力强等特点。

　　延边牛成年体重公牛为625kg，母牛为425kg，成年公牛屠宰率为54%。公母牛初配年龄均为22月龄。

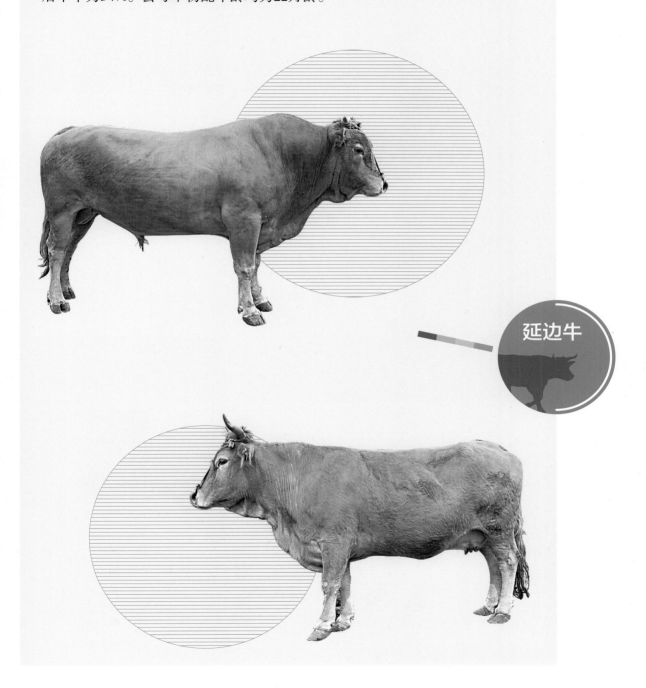

延边牛

辽育白牛是我国自行培育的肉用型牛品种，主要分布在辽宁省。

辽育白牛成年体重公牛900kg，母牛450kg，屠宰率为58%。辽育白牛母牛初配为14~18月龄，公牛初配为16~18月龄。

辽育白牛既可以纯繁生产优质牛肉，又可替代进口夏洛来牛与当地其他品种杂交，在经济杂交中用作第二父本或终端父本。

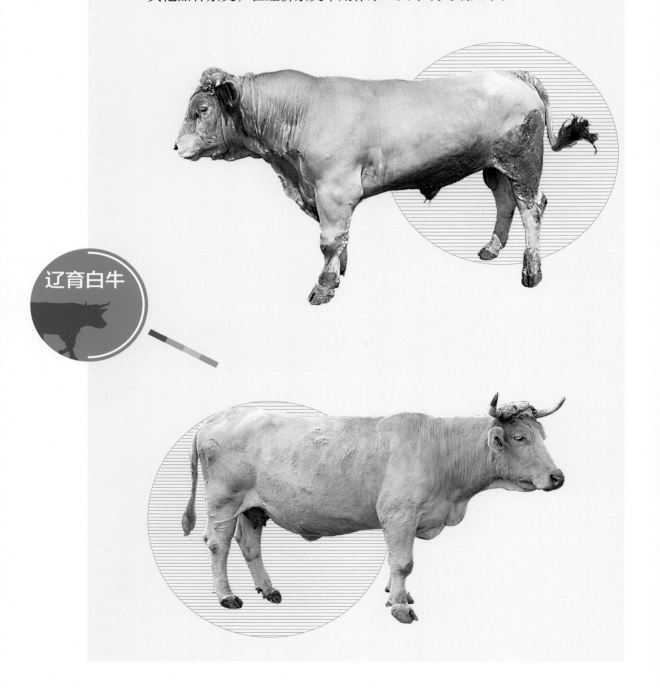

辽育白牛

　　三河牛是我国培育的乳肉兼用品种牛，主要分布在内蒙古，中心产区在海拉尔区，共存栏约3万余头。

　　三河牛成年体重公牛可达931kg，母牛达579kg，18月龄以上育肥公牛的屠宰率为55%。母牛初配为16～20月龄，公牛初配为18～24月龄，三河牛年产奶量5 000kg。

三河牛

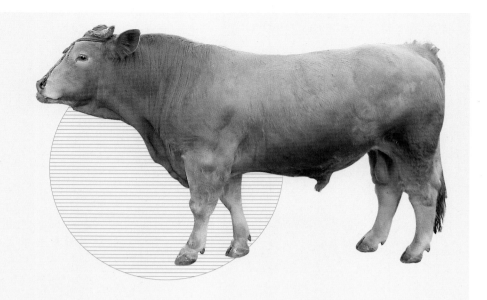

夏南牛是南阳牛导入夏洛来牛血液后培育而成的专门化肉牛品种。主要分布在河南省，现有育种群母牛13 150头，核心群2 310头。

夏南牛成年体重公牛约850kg，母牛约600kg，17～19月龄未育肥公牛屠宰率为60%。母牛初配为16～20月龄，公牛初配为18～24月龄。

夏南牛在黄淮流域及以北的农区、半农半牧区都能饲养，但耐热性稍差。

夏南牛

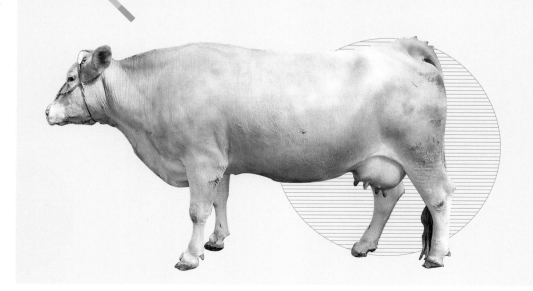

新疆褐牛是经过长期选育而成的乳肉兼用型品种。主要分布在新疆，中心产区伊犁哈萨克自治州。现有新疆褐牛52万头，其中能繁母牛31万头。

新疆褐牛成年体重公牛可达970kg，母牛可达450kg，公牛屠宰体重228kg，屠宰率为43%。舍饲加放牧条件下平均泌乳280d左右，产奶量2 898kg左右。公母牛初配均为18月龄左右。

新疆褐牛以耐粗饲、抗寒、抗逆性强、适宜山地草原放牧、适应性强等特点深受农牧民喜爱，新疆褐牛及其杂交牛占新疆牛总数的40%。

新疆褐牛

　　延黄牛是肉用牛新品种，主产区位于吉林省，目前育种群有8 430头，核心群有1 249头。

　　延黄牛成年体重公牛可达1 057kg，母牛可达626kg，30月龄育肥公牛屠宰体重为578kg，屠宰率为60%。公母牛初配年龄均为20～24月龄，种公牛可使用到8～10岁。

　　延黄牛是吉林省肉牛生产的主要品种之一，年供肉牛5万多头，在延边地区已经形成了以延黄牛为主的种、养、加、销的产业化体系，在我国北方和东北地区具有较好推广前景，但母牛泌乳力偏低。

延黄牛

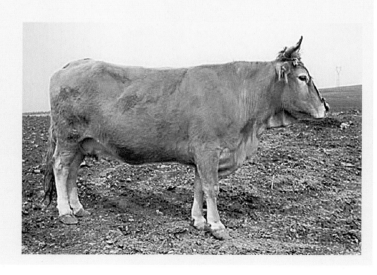

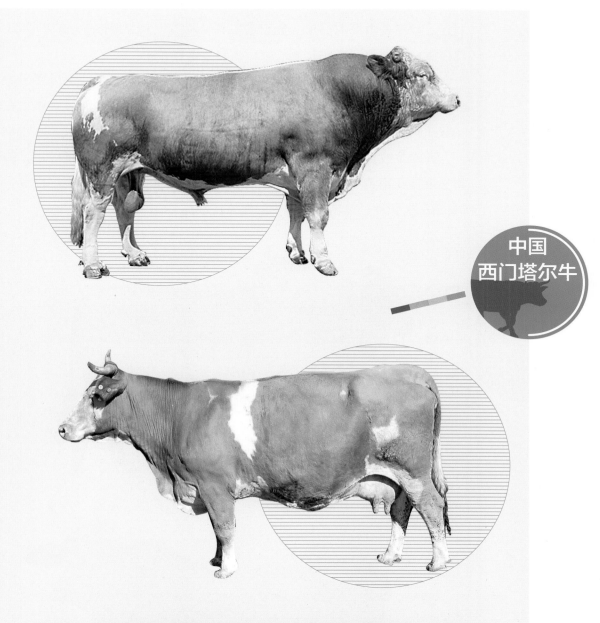

中国
西门塔尔牛

中国西门塔尔牛是西门塔尔牛与我国地方黄牛杂交选育的大型乳肉兼用品种，由中国农业科学院培育而成。主要分布在内蒙古、河北、吉林、新疆、黑龙江等26个省（自治区）。

中国西门塔尔牛成年体重公母牛分别可达900kg和520kg左右，屠宰率60%。母牛初配年龄为15～18月龄，公牛初配为14～18月龄。

中国西门塔尔牛是肉牛杂交生产中理想的母本，也可直接作为肉用杂交父系，现核心群存栏规模3万余头，杂交改良牛600万余头。

云岭牛是由婆罗门牛、莫累灰牛和云南黄牛3个品种杂交选育形成。现存栏1.2万头，云岭牛扩繁和推广主要集中在云南。

云岭牛成年体重公牛为813kg，母牛为517kg，24月龄公牛屠宰率为60%。母牛初配年龄12月龄或体重在250kg以上。公牛18月龄或体重在300kg以上可配种。

云岭牛改良云南本地黄牛的杂交后代初生重通过中试和推广，目前杂交改良云南黄牛12万余头。同时，广东、广西、贵州及海南等南方省（自治区）引种、改良本地黄牛的效果良好。

云岭牛

大通牦牛

大通牦牛是以本地牦牛为母本、野牦牛为父本培育而成的肉用型牦牛新品种。主要分布在青海省大通县。

大通牦牛成年体重公牛为387kg，母牛为250kg，30月龄屠宰率为46%～52%。适配年龄 2.5岁，初产年龄 3.5岁，初产年龄较其他类型牦牛的4.5岁提前到3.5岁。

近年来，青海省累计推广大通牦牛种公牛1.95万头，改良后裔已达140余万头，辐射到新疆、西藏、内蒙古、四川、甘肃等全国各大牦牛产区。

羊品种

　　我国现有羊地方品种103个，其中绵羊43个，山羊60个；绵羊培育品种及配套系30个，引入品种及配套系8个；山羊培育品种及配套系11个，引入品种及配套系3个。绵羊地方品种主要以乌珠穆沁羊、小尾寒羊、湖羊、滩羊和哈萨克羊为主，具有肉质好、繁殖性能优越、抗逆性强等特点，培育品种主要以巴美肉羊为代表，引进品种主要以生长速度快、产肉性能好的萨福克羊、杜泊羊为主。山羊地方品种主要有黄淮山羊、沂蒙黑山羊和马头山羊等，培育品种主要有南江黄羊，引进品种主要以生长速度快、产肉量高的波尔山羊为主；奶山羊地方品种主要是成都麻羊，培育品种主要有关中奶山羊和崂山奶山羊，引进品种主要是产奶量高的萨能奶山羊。引进品种多在杂交改良中用作父本，改良效果十分明显。成年巴美肉羊的宰前活重可达110kg，可产净肉39kg；成年南江黄羊宰前活重50kg，可产净肉22kg；关中奶山羊的年平均产奶量684kg。

萨福克羊原产于英国东部和南部丘陵地，20世纪70年代我国从澳大利亚引进，现主要分布在新疆、内蒙古、北京、宁夏、吉林、河北和山西等北方大部分地区。萨福克羊具有体格大、早熟、繁殖性能好、生长发育快等特点。

萨福克羊成年体重公羊100～136kg，母羊70～96kg。经育肥的4月龄公羊胴体重24.4kg，母羊19.7kg。公母羊7月龄性成熟，母羊全年发情，产羔率130%～165%。

萨福克羊引入我国后，用作父本与湖羊、小尾寒羊、哈萨克羊、蒙古羊和其他当地主导品种进行杂交，杂交效果明显，可以在我国绝大部分饲养绵羊的地区推广。

杜泊羊

杜泊羊原产于南非，2001年我国首次从澳大利亚引进。杜泊羊具有生长发育快、产肉性能好、板皮质量好等特点。

杜泊羊成年体重公羊120kg左右，母羊85kg左右。在放牧条件下，6月龄体重可达到60kg以上；在舍饲肥育条件下，6月龄体重可达70kg左右，肥羔屠宰率55%。公羊初配年龄为10～12月龄，母羊8～10月龄，母羊四季发情，产羔率140%，饲养管理条件好的情况下两年可产三胎，产羔率180%以上。

目前，在我国大部分绵羊养殖地区均有分布，用作父本与湖羊、小尾寒羊、蒙古羊和其他本地主导品种开展杂交，杂交效果明显，可以在我国饲养绵羊的地区推广。

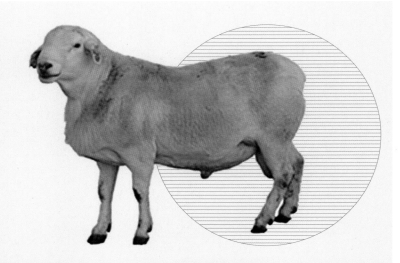

澳洲
白绵羊

澳洲白绵羊是澳大利亚利用现代基因测定手段培育的绵羊品种，具有体型大、生长快、屠宰率高、板皮质量高、全年发情、自动换毛、强耐寒、耐热、耐粗饲、抗病力强等特点。集成了白杜泊羊、万瑞绵羊、无角陶赛特羊和特克塞尔羊等品种基因，2009年10月在澳大利亚注册。

澳洲白绵羊成年体重公羊90～120kg，母羊80～90kg。6月龄公羔屠宰率55%左右。公羊初配年龄为12～14月龄，母羊性成熟在8月龄左右，初配月龄为10～12月龄，常年发情，产羔率为132%～182%。

澳洲白绵羊能广泛适应多种气候条件和生态环境，是三元配套杂交的理想终端父本，于2011年5月引入我国。目前在我国大部分绵羊养殖地区均有分布，用作父本与湖羊、小尾寒羊、蒙古羊和其他本地主导品种开展杂交，杂交效果明显。

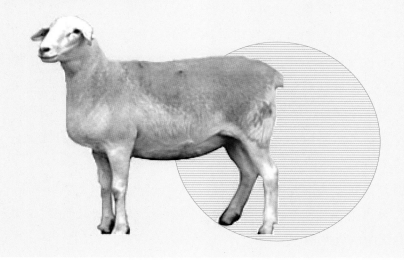

波尔山羊是由南非共和国培育的世界著名肉用山羊品种，以其体型大、增重快、产肉多、耐粗饲而著称于世，有"肉羊之父"之美称。

波尔山羊成年体重公羊90～130kg，母羊60～90kg，周岁羊屠宰率为50%。母羊5～6月龄性成熟，初配年龄为7～8月龄，母羊在良好的饲养管理条件下可全年发情，年平均产羔率193%～225%。

从1985年开始，我国先后从德国、南非、澳大利亚和新西兰等国引入波尔山羊数千只，分布在陕西、江苏、四川等20多个省份。目前我国山羊主产区用波尔山羊对当地山羊进行杂交改良，产肉性能明显提高。

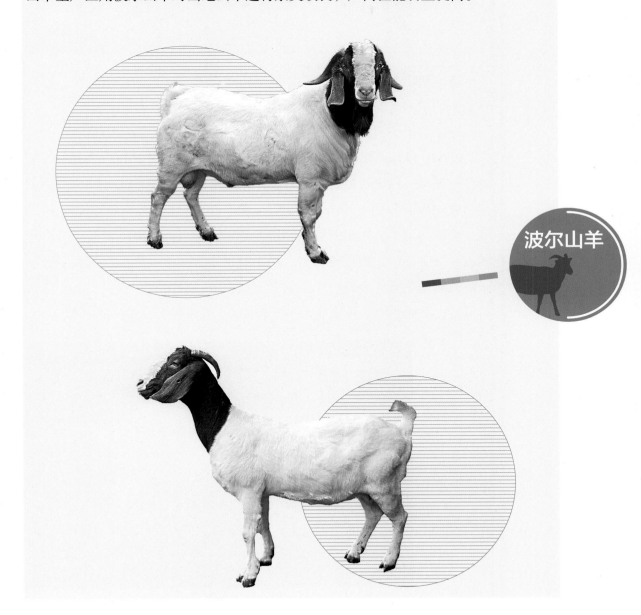

波尔山羊

萨能奶山羊

萨能奶山羊又名莎能奶山羊，是世界上著名的乳用山羊品种，原产于瑞士伯尔尼西部萨能山谷。

萨能奶山羊成年体重公羊75kg左右，母羊65kg左右；母羊平均泌乳期为300d，平均产奶量800kg，乳脂率为3.43%，乳蛋白率为3.28%；母羊的性成熟早，初配年龄为8～9月龄，妊娠期平均150d，产羔率180%，利用年限8～9年。

萨能奶山羊乳用型明显，产奶性能好，适应性较强，对低产山羊品种改良效果显著，种用价值高。我国最早于1932年引进，目前主要分布于陕西省富平县、陇县、千阳县、蓝田县等，甘肃省环县、云南省昆明市等地。萨能奶山羊对我国大部分地区的生态条件有良好的适应性。

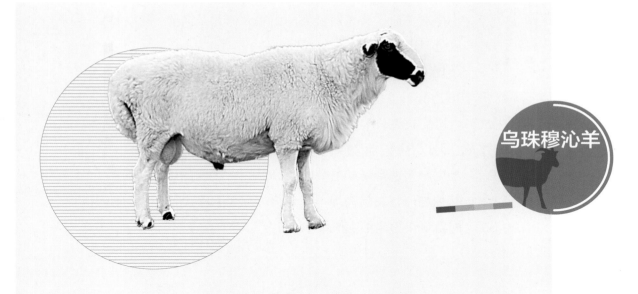

乌珠穆沁羊

乌珠穆沁羊以生产优质羔羊肉著称，原产于内蒙古自治区锡林郭勒盟东北部乌珠穆沁草原，主要分布于东乌珠穆沁旗、西乌珠穆沁旗。

乌珠穆沁羊成年体重公羊可达80kg左右，母羊可达60kg左右，产肉性能良好，成年羯羊屠宰率52%左右。公母羊初配年龄为18月龄，母羊多集中在9—11月发情，年平均产羔率110%左右。

乌珠穆沁羊原种场现有核心群4个，基础母羊3 000多只，年生产种公羊能力3.3万只，主要在内蒙古自治区推广应用。

小尾寒羊原产于黄河流域的山东、河北及河南一带。中心产区位于山东南部。

小尾寒羊生长发育快，成年体重公羊可达113kg左右，母羊可达66kg左右，周岁公羊体重72kg左右，屠宰率可达56%。初配月龄公羊为12月龄，母羊为6～8月龄，母羊常年发情，但以春秋季较为集中，年平均产羔率267%。

小尾寒羊携带高产羔数的*FecB*基因，是我国著名的多胎绵羊品种之一，在提高绵羊繁殖力方面具有重要作用，目前在全国各地作为肉羊生产母本。

小尾寒羊

湖羊

湖羊的中心产区位于太湖流域的浙江省湖州市和嘉兴市及江苏省苏州市。

湖羊成年体重公羊接近80kg，母羊体重55kg左右。成年公羊屠宰率为54%，母羊为53%。湖羊泌乳期为4个月，120d产奶100kg以上。湖羊公羊初配年龄为8～10月龄，母羊为6～8月龄。母羊四季发情，以4—6月和9—11月发情较多，每胎产羔都在2只以上，多的可达6～8只，其中产三羔以上的占31%，经产母羊平均产羔率为277%，一般两年产三胎。

湖羊携带高产羔数的*FecB*基因，是我国特有的白色羔皮用绵羊品种，也是我国著名的多胎绵羊品种之一，在提高绵羊繁殖力方面具有重要作用。湖羊适于规模化舍饲饲养，目前作为肉羊生产的母本，在全国舍饲饲养绵羊的地区应用广泛。

滩羊

滩羊原产于宁夏回族自治区贺兰山东麓的洪广营地区。目前主要集中在宁夏中部干旱带的盐池、同心、红寺堡、灵武等地区，是生产高级提花毛毯的优质原料。

滩羊成年体重公羊可达55kg，母羊达45kg。12月龄羯羊和二毛皮羔羊屠宰率分别为47.9%、53.7%。滩羊一般6～8月龄性成熟，公羊初配年龄为2.5岁，母羊1.5岁。母羊为季节性发情，发情期多在8—9月，放牧情况下，成年母羊一年一产，每产一羔，双羔率极低。

近10年来，滩羊主产区以规模养殖场为主体，建立滩羊开放式核心选育群，开展品种登记、种羊鉴定、建立档案等选育工作。目前，滩羊在宁夏回族自治区应用较为广泛。

哈萨克羊原产于新疆天山北麓至阿尔泰山南麓广大区域，主要分布于北疆各地及其与甘肃、青海毗邻的地区。

哈萨克羊成年体重公羊73kg左右，母羊47kg左右。产肉性能良好，屠宰率51%～55%。5～8月龄性成熟，初配年龄为18～19月龄，母羊多集中在9—11月发情，放牧条件下年平均产羔率102%左右。

哈萨克羊长期繁衍在严酷生态环境下，经过自然选择及农牧民的长期选育，形成体质结实、四肢高而健壮、善于爬山游走、抓膘能力好、抗逆性强的特点。目前，哈萨克羊群体数量有1 000余万只，主要在新疆维吾尔自治区推广应用。

哈萨克羊

黄淮山羊原产于黄淮平原，中心产区位于河南、安徽和江苏三省接壤地区，主要分布于河南省周口市、安徽北部和江苏省徐州市。

黄淮山羊成年体重公羊35kg左右，母羊28kg左右。其产肉性能良好，成年公羊屠宰率可达52%，成年母羊屠宰率为51%。公羊初配年龄为9～12月龄，母羊为6～7月龄。母羊四季发情，一年两胎或两年三胎，平均产羔率为230%。

黄淮山羊板皮品质好，以产优质汉口路山羊板皮著称，其中以河南省周口地区生产的槐皮质量最佳。目前主要在河南、安徽和江苏等省份应用较广泛。

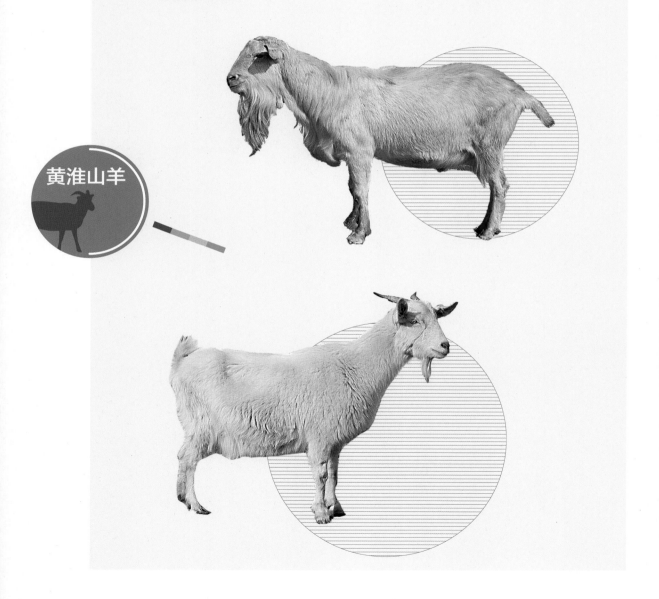

黄淮山羊

内蒙古绒山羊分为阿尔巴斯型、二狼山型和阿拉善型，属绒肉兼用型绒山羊地方品种，主要产于内蒙古自治区西部。

内蒙古绒山羊成年公母羊产绒量分别为550～1 000g、400～600g，绒细度分别为14.8～16.5μm、14.2～15.2μm，羊绒细长、柔软，白度、光泽好，是国际上纺织羊绒精品的主要原料。公母羊初配年龄均为18月龄，母羊多集中在7—11月发情，年平均产羔率105%左右。

内蒙古绒山羊全身被毛纯白，体质结实，产绒量高，遗传性能稳定，对荒漠半荒漠草原适应能力强。目前，群体数量约923万只，主要在国内绒山羊主产区推广应用。

内蒙古
绒山羊

辽宁绒山羊属绒肉兼用型绒山羊地方品种，主产于辽宁省东部山区及辽东半岛地区。

辽宁绒山羊成年体重公羊40kg以上、产绒量450g以上，成年母羊体重30kg以上，产绒量300g以上，成年公、母羊产绒量分别为1 368g、641g，绒细度分别为16.7μm、15.5μm。

辽宁绒山羊是世界同类品种产绒量最高的品种，是改良绒山羊产绒量的重要父本品种，现已推广至内蒙古、陕西、新疆等17个省、自治区，对我国绒山羊产业发展发挥了重要作用。

辽宁
绒山羊

苏博美利奴羊以超细型澳洲美利奴羊为父本，以中国美利奴羊、新吉细毛羊及敖汉细毛羊为母本，经系统培育而成的精纺用超细型细毛羊品种。主要分布于新疆维吾尔自治区乌鲁木齐市、石河子市、伊犁哈萨克自治州、阿克苏地区、塔城地区；内蒙古自治区赤峰市、鄂尔多斯市、锡林郭勒盟；吉林省松原市、白城市等细毛羊主产区。

苏博美利奴羊公羊平均剪毛后体重12月龄58kg、24月龄88kg，母羊平均剪毛后体重12月龄35kg、24月龄45kg，成年羯羊屠宰率47%。羊毛纤维直径18.1～19.0μm（80支）为主体；成年羊体侧毛长8.0cm以上，育成羊9.0cm以上。正常的饲养管理条件下，平均剪毛量成年公羊8.0kg，成年母羊4.5kg；体侧部净毛率60%以上。6～8月龄性成熟，初配年龄为12～18月龄，成年母羊的产羔率为110%～130%。

苏博美利奴羊具有良好的适应性和抗逆性，能够适应西北、东北地区不同海拔高度、寒冷干旱的气候条件和四季放牧、长途转场的饲养条件，抗病性强，繁殖成活率高，适合在新疆、内蒙古、吉林等细毛羊主产区推广。

苏博
美利奴羊

乾华肉用美利奴羊是以南非肉用美利奴羊为父本，东北细毛羊为母本，经系统选育而成的肉毛兼用品种。中心产区位于吉林省和黑龙江省。

乾华肉用美利奴羊成年体重公羊155kg左右、母羊85kg左右，6月龄体重公羔60kg左右、母羔53kg左右；成年公母羊屠宰率53%。羊毛细度19～21.5μm。公羊初配年龄为12月龄，母羊为8月龄；在舍饲条件下，母羊可四季发情，年平均产羔率140%。

乾华肉用美利奴羊已推广到内蒙古、黑龙江省、辽宁等省区，与当地羊杂交，其改良羊增肉、增毛效果显著，养羊综合效益好，是我国北方寒冷地区理想的肉羊生产杂交父本。

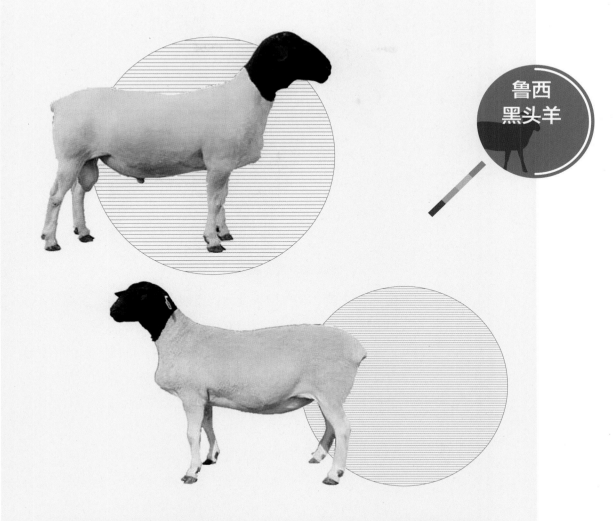

鲁西
黑头羊

鲁西黑头羊以黑头杜泊羊为父本、小尾寒羊为母本，经系统选育出的肉羊新品种。中心产区为山东省聊城市。

鲁西黑头羊12月龄体重公羊87kg、母羊65kg，24月龄体重公羊102kg、母羊77kg；5月龄育肥平均体重达到49kg,胴体重27kg，屠宰率56%，肉骨比4.74：1，眼肌面积24cm^2。初产母羊产羔率162%，经产母羊产羔率222%。

鲁西黑头羊生长速度快、繁殖率高，且耐粗饲、羊肉品质好。目前已经推广到新疆、内蒙古、吉林、河北、河南、山西、安徽等省（自治区、直辖市），表现出良好的适应性和生产成绩。

南江黄羊

南江黄羊是我国培育的肉用型山羊新品种。主要分布在四川南江县、通江县、巴州区和平昌县。

南江黄羊成年体重公羊可达67kg左右，母羊46kg左右，成年羊屠宰体重为50kg左右，屠宰率可达56%。南江黄羊母羊常年发情，8月龄时可配种，一年产两胎或两年三胎，双羔率达70%以上，平均产羔率为205%。

南江黄羊自种群形成以来，已累计向全国25个省（自治区、直辖市）推广10万余只，其杂种一代周岁羊体重比地方山羊提高23%～68%，成年体重提高44%～64%。

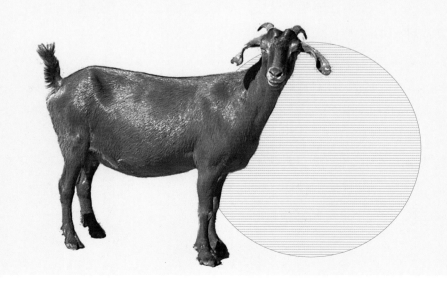

关中奶山羊是利用萨能奶山羊与陕西本地山羊杂交，历经29年培育而成的乳用山羊品种。主要分布在渭南、咸阳、宝鸡、西安等地。

关中奶山羊成年体重公、母羊分别为66.5kg、56.5kg；母羊泌乳期280～300d，平均产奶量680kg，乳蛋白3.3%，乳脂率3.5%；12月龄羯羊胴体重和屠宰率分别为18.0kg和52.4%；母羊9月龄左右配种，妊娠期平均为150d，平均产羔率为188%，公母羔平均初生重分别为3.69kg、3.33kg。

关中奶山羊遗传性能稳定、产奶量高、适应性强，对干旱、半干旱、半湿润的生态条件具有良好的适应性，已推广至全国20多个省区。

关中
奶山羊

陕北白绒山羊属绒肉兼用型培育品种，是以辽宁绒山羊为父本、子午岭黑山羊为母本培育的品种，主产于陕北榆林市和延安市各县。

陕北白绒山羊具有产绒量高、绒纤维品质好、耐粗饲、抗逆性强的优良特性。成年公母羊产绒量分别为723g、430g，绒细度平均为14.46μm。

陕北白绒山羊适应干旱、荒漠自然生态条件，已推广到周边宁夏、甘肃等省区，适于类似生态地区推广应用。

云上黑山羊以努比山羊为父本、云岭黑山羊为母本，历经22年系选育培育成的肉用山羊品种。主要分布在云南省的昆明市、曲靖市、楚雄州、红河州、大理州、普洱市、丽江市。中心产区为昆明市寻甸县和石林县、红河州弥勒市、楚雄州双柏县和大姚县。

云上黑山羊成年体重公羊75kg左右，母羊56kg左右，其产肉性能良好，成年羊屠宰率可达56%以上。公羊初配年龄一般为12月龄，母羊为10月龄。母羊常年发情，一般两年三胎，初产母羊的产羔率为181%，经产母羊产羔率为226%。

云上黑山羊已在云南省以及广西、贵州、海南和甘肃等省推广，表现出较强的抗病力、适应性和耐粗饲特性，适合我国南方山羊养殖主产区舍饲、放牧+补饲或全放牧的饲养。

云上
黑山羊

肉鸡
品种

　　我国肉鸡主要分为白羽肉鸡和黄羽肉鸡。白羽肉鸡为现代快大型肉鸡，其品种羽色绝大部分为白色，生长速度快，饲料转化率高，出栏体重大，便于屠宰分割。目前，国内的白羽肉鸡均来源于进口，主要品种有AA+、罗斯308、科宝艾维茵、哈伯德等。黄羽肉鸡是我国地方品种或以地方品种为主要素材培育的肉鸡品种，包括黄羽、黑羽、麻黄羽等，以肉质佳、外貌好、体型小等为主要特点。现有肉鸡品种及配套系230个，其中地方品种114个，国内培育品种及配套系81个，引入品种及配套系35个。快速型黄羽肉鸡代表品种为新广黄鸡和岭南黄鸡，中速型黄羽肉鸡为新兴矮脚黄鸡，慢速型黄羽肉鸡为雪山草鸡、天露麻鸡和谭牛鸡，地方品种为广西三黄鸡、广东清远麻鸡和海南文昌鸡。白羽肉鸡上市日龄42日龄，上市体重2.6～2.8kg，快大型黄羽肉鸡上市日龄和体重分别为49日龄和1.3～1.5kg，中速型黄羽肉鸡上市日龄和体重分别为80～100日龄和1.5～2.0kg，优质型黄羽肉鸡上市日龄和体重分别为90～120日龄和1.1～1.5kg。

AA+肉鸡，又称爱拔益加肉鸡，原为美国爱拔益加公司培育，现为美国安伟捷公司产品，为四系配套，属快大型肉鸡品种，羽毛均为白色、单冠。AA+肉鸡具有生产性能稳定、增重快、胸肉产肉率高、成活率高、饲料转化率高、抗逆性强的优良特点。

AA+肉鸡商品代公母混养35日龄体重可达2.22kg左右，饲料转化率为1.49∶1；42日龄体重约为2.9kg，饲料转化率为1.63∶1；49日龄体重约为3.55kg，饲料转化率为1.77∶1。

AA+肉鸡是我国白羽肉鸡生产中的主要品种之一，2019年引进的祖代鸡种占比45.1%。在全国绝大部分地区都有饲养，适宜集约化规化养殖。

AA+肉鸡

罗斯308是英国罗斯育种公司成功培育的快大白羽肉鸡品种，现为美国安伟捷公司产品。突出特点是体质健壮、成活率高，该鸡种商品代雏鸡可以羽速自别雌雄。

　　罗斯308商品代公母混养35日龄体重可达到2.02kg，饲料转化率为1.61：1；42日龄体重约为2.65kg，饲料转化率为1.75：1；49日龄体重约为3.26kg，饲料转化率为1.89：1。

　　罗斯308肉鸡是我国主要的白羽肉鸡生产品种之一，2019年引进的祖代鸡中占比5.8%。在全国绝大部分地区都有饲养，适宜集约化规化养殖。

罗斯308
肉鸡

科宝500
肉鸡

科宝艾维茵是美国科宝公司产品，其主要产品有科宝500、艾维茵48和科宝700，目前国内引进的多为科宝500。其产品特点是增重速度快，饲料转化率高，出肉率高和死亡率低。

科宝500商品代公母混养42日龄体重可达到2.95kg，饲料转化率为1.61：1；49日龄体重约为3.27kg，饲料转化率为1.92：1。

科宝500肉鸡是我国白羽肉鸡生产中的重要品种，2014年在引进的祖代鸡中占比13.7%。在全国绝大部分地区都有饲养，适宜集约化规化养殖。

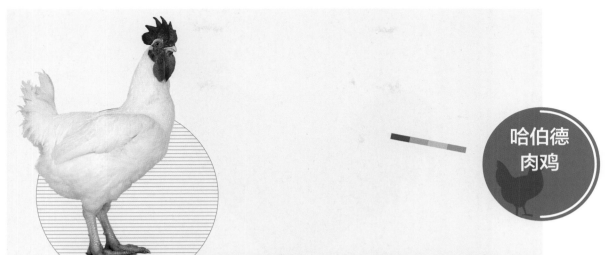

哈伯德
肉鸡

哈伯德肉鸡是法国哈巴德育种公司培育的快大白羽肉鸡品种，现为美国安伟捷育种公司产品，特点是白羽毛、白蛋壳，商品鸡可羽速自别雌雄，有利于分群饲养。商品雏鸡的生长速度快，出肉率高，适宜深加工，体型适中，适合整鸡市场需要。

哈伯德肉鸡商品代公母混养35日龄体重可达1.8kg，饲料转化率为1.68：1；42日龄体重约为2.3kg，饲料转化率为1.82：1；49日龄体重约为2.77kg，饲料转化率为1.96：1。

哈伯德肉鸡是我国白羽肉鸡主产品种之一，2019年在引进的祖代鸡中占比18.8%。在全国绝大部分地区都有饲养，适宜集约化规化养殖。

广西
三黄鸡

　　广西三黄鸡（又称信都鸡、糯垌鸡、大安鸡、麻垌鸡、江口鸡）主要产于广西壮族自治区，属慢速型品种。因其母鸡黄羽、黄喙、黄脚而得名。其肉质香鲜、风味佳。

　　广西三黄鸡90日龄公鸡体重约为1.27kg，母鸡体重约为0.95kg。一般在120～150日龄上市，公鸡体重为1.75～2kg，母鸡体重为1.25～1.5kg，饲料转化率为3.7∶1，成活率为90%。

　　广西三黄鸡参与配套的新配套系较多，市场推广应用较广，年均总推广量超过4亿只，推广地区包括广西、广东、江西、湖南、云南等省、自治区。

清远麻鸡原产于广东省清远市清新县。因母鸡背侧羽毛有细小黑色斑点，故称麻鸡。其体型小、皮下和肌间脂肪发达、皮薄骨软、肉用品质优良，为我国活鸡出口的小型肉用鸡之一。

清远麻鸡90日龄公鸡体重约为1.47kg，母鸡体重约为1.1kg。母鸡一般在125日龄上市，体重约为1.25kg，饲料转化率为（4.3～4.4）∶1，屠宰率为66%，成活率为85%。

清远麻鸡在广西、广东地区应用较多，有不少肉鸡龙头企业直接使用清远麻鸡进行生产，也有用其参与配套系培育，年推广量在1亿只左右。

广东清远麻鸡

文昌鸡

文昌鸡产于海南省文昌县（市），最早出自该县潭牛镇天赐村，此村盛长榕树，树籽富含营养，家鸡啄食，体质极佳。

文昌鸡90日龄公鸡体重约为1.2kg，母鸡体重约为1kg。母鸡一般在125日龄上市，体重为1.5～1.6kg，饲料转化率为4.2∶1，腹脂率为7%。

文昌鸡主要推广区域为海南省和两广地区，年推广量约为6 500万只。利用其培育的配套系主要有海南（潭牛）文昌鸡股份有限公司的"潭牛鸡"配套系，年推广量约5 000万只。

新广黄鸡是由广东佛山新广畜牧发展有限公司培育的优质鸡系列配套系，分为新广黄鸡K90（中速型）、新广黄鸡K99（快大型）及新广铁脚麻鸡（中速型）。K90为黄羽系(黄羽、黄脚、黄喙)；K99为麻羽，商品代肉鸡脚短身圆，胸肌丰满，体形呈圆筒状，腿肌发达，体型中等；新广铁脚麻鸡为麻羽青脚。

新广黄鸡K90商品鸡65日龄公母平均体重约为1.90kg，饲料转化率为2.25∶1；新广黄鸡K99商品鸡50日龄公母平均体重约为2.00kg，饲料转化率为2.00∶1；新广铁脚麻鸡商品鸡75日龄公母平均体重约为1.50kg，饲料转化率为2.25∶1。

新广黄鸡在广东、广西、云南、贵州、四川及华东地区推广应用较多，年父母代推广量约350万套，可提供商品肉鸡约4.9亿只。

新广黄鸡

岭南黄鸡配套系是广东省农业科学院畜牧研究所岭南家禽育种公司经过多年培育而成的黄羽肉鸡配套系。分为岭南黄鸡Ⅰ号、Ⅱ号、3号，Ⅰ号和Ⅱ号均为快速型黄羽肉鸡，3号为胡须鸡参与配套的慢速型黄羽肉鸡。

　　岭南黄鸡Ⅰ号配套系商品代公鸡42日龄上市，体重约为1.65kg，饲料转化率为1.75∶1；母鸡42日龄上市，体重约为1.5kg，饲料转化率为1.85∶1。商品代平均成活率为98%。在全国范围内推广应用，父母代年推广量达100万套左右，年出栏商品鸡1亿只。

　　岭南黄鸡Ⅱ号配套系商品代公鸡42日龄出栏，体重约为1.75kg，饲料转化率为1.75∶1；母鸡42日龄出栏，体重约为1.5kg，饲料转化率为1.85∶1。商品代平均成活率为98%。在全国范围内推广应用，父母代年推广量达150万套左右，年出栏商品鸡1.5亿只。

　　岭南黄鸡3号配套系商品代公鸡120日龄出栏，体重约为2kg，饲料转化率为3.5∶1；母鸡120日龄出栏，体重约为1.6kg，饲料转化率为3.8∶1。商品代平均成活率为99%。在广东、广西、湖南、江西等地区推广应用，父母代年推广量达20万套左右，年出栏商品鸡1 000万只。

岭南黄鸡

新兴矮脚黄鸡配套系是利用矮脚鸡和安卡红肉鸡培育而成的中速型黄羽肉鸡配套系，由温氏食品集团股份有限公司和华南农业大学共同培育完成。商品代肉鸡抗病力强，公鸡属于正常型，母鸡属于矮小型，具有明显三黄特征。

新兴矮脚黄鸡配套系商品代公鸡出栏日龄为80d，出栏体重约为2.55kg，饲料转化率为（2.6～2.7）：1；母鸡78日龄出栏，出栏体重约为1.5kg，饲料转化率为（2.7～2.8）：1。商品代公母鸡成活率均在98.5%以上。

新兴矮脚黄鸡配套系推广地区主要为湖南、湖北、江苏、福建、浙江、广东等省及西南等地区，年均推广父母代种鸡150万套，提供商品代肉鸡1.5亿只。

新兴系列
黄鸡

雪山鸡配套系是由江苏立华牧业股份有限公司培育的青脚麻羽慢速型肉鸡新品种。商品代肉鸡体型清秀，鸡冠红大且直立，性情活泼，觅食能力强，抗逆性强。

雪山鸡配套系商品代公鸡90日龄上市，上市体重为1.6～1.65kg，胸肌率为18%，腿肌率为27.2%，饲料转化率为（2.95～3）：1；母鸡110日龄上市，体重为1.6～1.65kg，胸肌率为17.7%，腿肌率26.7%，饲料转化率为（3.4～3.5）：1。商品代平均成活率为96%。

雪山鸡配套系主要推广区域为华北、东北地区及广东、广西两省（自治区）等，目前父母代年推广量为60万套，提供商品代肉鸡7 000万只。

雪山鸡

天露黄鸡　　　　　　　　　　　天露黑鸡

天露系列

天露系列配套系是三系配套优质型黄羽肉鸡品种。

天露黄鸡商品代公鸡84日龄上市，体重为1.45～1.55kg，饲料转化率为（2.90～3.00）：1，成活率可达95%以上。母鸡105日龄上市，饲料转化率为（3.50～3.60）：1，成活率可达95%以上。商品代年出栏逾2 000万只，主要分布在广东、广西、湖南、湖北、福建、浙江6个省（自治区）。

天露黑鸡公鸡84日龄上市体重为1.55～1.65kg，饲料转化率为（2.90～2.95）：1，成活率96%以上。母鸡105日龄上市，饲料转化率为（3.40～3.50）：1，成活率96%以上。

商品代年出栏约7 700万只，主要分布在广东、广西、湖南、湖北、福建、浙江等8个省（自治区）。

新广铁脚麻鸡配套系是利用速生型铁脚麻鸡、隐性白洛克鸡和矮小型铁脚麻鸡培育而成的青脚麻羽肉鸡配套系，由佛山市高明区新广农牧有限公司培育完成。商品代肉鸡具有生长速度快、饲料转化率高、抗病力强等特点。

新广铁脚麻鸡配套系商品代公母鸡上市日龄为77日龄，公鸡体重约为3.25kg，饲料转化率为2.7∶1，成活率为93%；母鸡体重约为2.65kg，饲料转化率为2.8∶1，成活率为93%。

新广铁脚麻鸡配套系在云南、贵州、四川等省推广应用较多，父母代年推广量为200多万套，出栏商品代肉鸡约4 000万只。

新广铁脚
麻鸡

金陵花鸡是利用广西麻鸡和科宝肉鸡培育而成的快速型黄羽肉鸡配套系，由广西金陵农牧集团有限公司培育完成。金陵花鸡具有生长速度快、抗逆性强、均匀度好的优点，既可以活鸡销售，也能满足屠宰上市的需求。

金陵花鸡配套系商品代公鸡在56日龄上市，体重为1.9～2.1kg，饲料转化率为（2.0～2.2）：1；母鸡在65日龄上市，体重为1.95～2.15kg，饲料转化率（2.2～2.3）：1。商品代成活率在96%以上。

金陵花鸡配套系主要推广地区为广西、广东、云南、四川、贵州、河南等省份。父母代年推广量为150万套，商品代年出栏6 000万只以上。

金陵花鸡

蛋鸡
品种

目前，我国蛋鸡引进品种主要以"海兰""罗曼"蛋鸡配套系为主，具有产蛋数多、蛋重大等特点，市场占有率50%左右。我国自主培育的蛋鸡新品种配套系主要有京粉1号、京红1号和农大3号等。罗曼褐72周龄产蛋数可达285～295枚，京红1号72周龄产蛋数可达311枚左右。

海兰褐蛋鸡配套系是由美国海兰国际育种公司培育的高产褐壳蛋鸡配套系。海兰褐祖代由四系配套组成；父母代公鸡为红羽，母鸡为白羽，产褐壳蛋；商品代为红羽，产褐壳蛋，体型中等紧凑，羽速鉴别。

海兰褐商品代到达50%产蛋率日龄140d，高峰产蛋率96%，80周龄成活率94%以上。80周龄饲养日产蛋数363～371枚，入舍鸡产蛋数354～361枚，蛋重65g左右。平均只鸡日采食量107g，饲料转化率2.04∶1，淘汰鸡体重1.97kg左右。

我国从20世纪80年代开始引进，是我国主要褐壳蛋鸡品种之一，在全国各地均有饲养。

海兰褐

海兰灰

　　海兰灰是美国海兰国际公司培育的粉壳蛋鸡配套系。其商品代初生雏鸡可以通过羽速鉴别雌雄。

　　海兰灰蛋鸡商品代存活率为97%，126日龄体重为1.50～1.70kg，耗料量为5.90～6.80kg。156日龄达50%产蛋率，203日龄达产蛋高峰，高峰期产蛋率为91%～96%。224日龄和518日龄时平均蛋重分别为60.40g和66.90g。140～518日龄存活率为91%～95%。518日龄时体重约为2.20kg，560日龄产蛋数299～318枚。

　　海兰灰目前在全国绝大部分地区饲养，适宜集约化养鸡场、规模养鸡场、专业户和农户饲养。

罗曼褐是由德国罗曼公司育成的产褐壳蛋的高产蛋鸡，属中型体重。其商品代雏鸡可用羽色自别雌雄，其中公雏为白羽，母雏为红褐羽。

罗曼褐商品鸡在18～20周龄开产，0～20周龄育成率为97%～98%，152～158日龄达50%产蛋率。0～20周龄总耗料量为7.40～7.80kg，20周龄体重为1.50～1.60kg，25～27周龄时达产蛋高峰，产蛋率为90%～93%，72周龄产蛋数为285～295枚，48周龄时平均蛋重为63.50～64.50g，入舍鸡总蛋重为18.20～18.80kg，饲料转化率为（2.30～2.40）：1，产蛋末期体重为2.20～2.40kg，产蛋期母鸡存活率为94%～96%。

我国最早在1983年引进祖代种鸡，以后也引进过曾祖代种鸡。罗曼褐壳蛋鸡可在全国绝大部分地区饲养，适宜集约化养鸡场、规模养鸡场、专业户和农户饲养。

罗曼褐

京粉1号是在引进世界优秀育种素材基础上选育的优秀蛋鸡品种。

　　京粉1号达到50%产蛋率的日龄140～144d，高峰产蛋率93%～97%，80周龄饲养日产蛋数376枚左右，19～80周龄全程平均蛋重约62g，产蛋总重23kg，产蛋期料蛋比1.98：1，80周龄体重1 800g以上，0～80周龄全程死淘率5%以内。

　　京粉1号已形成以北京为中心，辐射辽宁、河南、山东、湖北、江苏、云南等地的发展布局。

京粉1号

京红1号是在引进世界优秀育种素材基础上选育的优秀蛋鸡品种，新培育的品系经过系统选育后，充分利用杂种优势，形成规模化的供种体系。

　　京红1号商品代蛋鸡达到50%产蛋率的日龄139～142d，高峰产蛋率可达94%～97%，80周龄饲养日产蛋数可达375枚，19～80周龄平均蛋重约61.8g，50～68g重量的鸡蛋占产蛋总数90%以上，80周龄饲养日产蛋总重约23.2kg，产蛋期料蛋比2.0∶1，80周龄体重2 100g以上，0～80周龄全程成活率95%以上。

　　京红1号商品代蛋鸡生产性能稳定、适应性强，可在全国绝大部分地区饲养。

京红1号

农大3号

农大3号节粮小型蛋鸡（简称农大3号）具有体型小、饲料转化率高和抗病力强等特点。其商品代雏鸡可根据羽速自别雌雄，快羽类型均为母鸡，慢羽均为公鸡。

农大3号商品蛋鸡120日龄平均体重约为1.13kg，1～120日龄耗料4.57kg/只，成活率为98.3%；开产日龄145d左右，高峰产蛋率达94.7%；72周龄入舍母鸡平均产蛋325.7枚，入舍母鸡产蛋总重可达17.38kg，平均蛋重54.4g左右；产蛋期平均日耗料88～92g，饲料转化率（1.87～1.98）：1，产蛋期成活率大于95%。

农大3号建立了覆盖全国各地的良种扩繁推广体系，商品代辐射到全国28个省（自治区、直辖市）。

京粉6号是在引进世界优秀育种素材基础上培育的粉壳蛋鸡配套系。商品代雏鸡羽速自别雌雄，成年母鸡羽色基本为红褐色。

京粉6号商品代蛋鸡达到50%产蛋率的日龄138～142d，高峰产蛋率95%～98%，90%以上产蛋率维持时间8～10个月，80周龄饲养日产蛋数380枚，19～80周龄全程平均蛋重55g左右，80周龄体重1 800g以上，0～80周龄死淘率低于5%，产品适合作为品牌鸡蛋销售。

京粉6号商品代蛋鸡具有产蛋多、蛋重小、死淘低、体重适中等特点，在我国饲养环境条件下表现出优异的生产性能，可以在全国范围内饲养，适合集约化、规模化饲养。

京粉6号

栗园油鸡
蛋鸡

栗园油鸡蛋鸡是在地方品种北京油鸡基础上，充分利用其蛋、肉品质优良和独特"三毛"外观的优势，适当引进高产蛋鸡血缘，经多年本品种选育和杂交培育，形成的一个三系配套特色蛋鸡。

栗园油鸡蛋鸡配套系父母代公鸡为矮小型，公鸡成年体重2.21kg，母鸡成年体重1.90kg。商品代羽速自别雌雄，鉴别准确率99%以上。母鸡为矮小型，成年体重1.65kg，育雏育成期成活率96%～98%，产蛋期成活率93%～95%；153～162日龄开产，蛋壳粉色，72周龄产蛋225～242枚，平均蛋重50～52g，产蛋期料蛋比（2.72～2.80）：1。蛋黄色泽、蛋黄比例和哈氏单位等蛋品质指标均达到优良水平。

栗园油鸡蛋鸡适应性强，生产性能稳定，成活率高，蛋品质优良，养殖效益好。适宜在全国大部分地区推广饲养。

鸭
品种

　　目前，我国鸭品种共有54个，其中地方品种37个，培育品种及配套系8个，引入品种及配套系9个。引入品种以樱桃谷鸭为主，具有生长快、瘦肉率高、净肉率高和饲料转化率高，以及抗病力强等优点，比较适合集约化养殖，对饲养环境和条件要求较高，在高营养饲养条件下能充分发挥生长和产肉性能。我国的地方品种北京鸭是适合烤制型的鸭品种。我国自主培育的鸭品种配套系有草原白羽肉鸭、中新白羽肉鸭、国绍1号蛋鸭、苏邮1号蛋鸭等。

樱桃谷鸭是英国樱桃谷鸭公司的产品培育的肉鸭品种。樱桃谷鸭具有生长快、瘦肉率高、净肉率高和饲料转化率高，以及抗病力强等优点。体羽洁白，头大额宽，鼻梁较高，喙、胫、蹼呈橙黄色或橘红色，颈平而短粗，翅膀强健紧贴躯干，脚短粗。樱桃谷鸭喜水耐旱，群居性强，可放养也可圈养，比较适合集约化养殖。对饲养环境和条件要求较高，在高营养饲养条件下能充分发挥生长和产肉性能。

　　樱桃谷鸭商品代鸭42日龄活重3～3.5kg，料肉比（1.9～2.0）∶1。全净膛率72.5%，半净膛率85.5%，瘦肉率30%～35%，皮脂率28%～31%，开产日龄为180～190d。

　　樱桃谷鸭早在1981年就引入我国，1991年后开始大规模进入。全球市场占有率超过七成，我国的市场占有率超过八成。

樱桃谷鸭

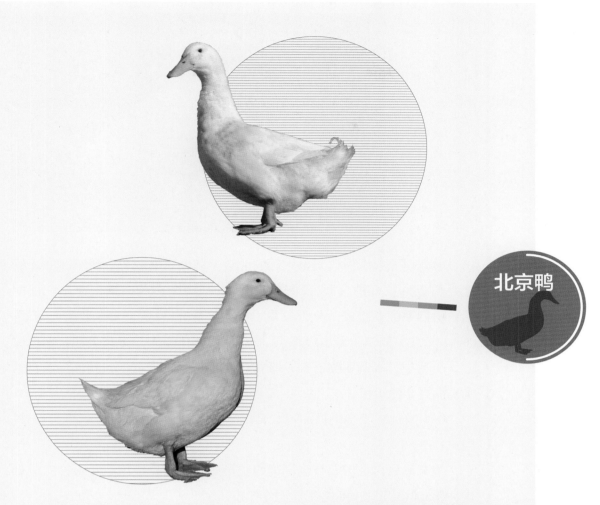

北京鸭

北京鸭原产地为北京西郊玉泉山一带，是世界著名的肉用鸭品种。北京金星鸭业有限公司利用原种北京鸭培育出烤制型配套系南口1号北京鸭。体型硕大丰满呈长方形，前部昂起，背宽平，胸部丰满，头部卵圆形，无冠和髯。羽毛为白色，喙、胫和脚蹼均为橙黄色。

南口1号北京鸭配套系的父母代种鸭具有优秀的繁殖性能，75周龄产蛋可达296枚，平均蛋重90g，受精率94%，入孵蛋出雏率87%。商品代肉鸭生长速度快，脂肪沉积能力强，42日龄体重3.3kg，皮脂率36%。

南口1号北京鸭是我国优质烤鸭食材，其烤鸭产品皮层酥脆，入口即化，肉质柔软多汁，口感好。该品种具有抗病力强、适应范围广等特点，可在全国范围内推广养殖。目前在北京、河北等地父母代种鸭年推广量约60万套，鸭胚销往全国各地，可提供商品肉鸭约1.2亿只。

　　中畜草原白羽肉鸭是由中国农业科学院北京畜牧兽医研究所和赤峰振兴鸭业科技育种有限公司联合培育的瘦肉型白羽肉鸭配套系。该配套系由四系配套组成，分为S1系（父本父系）、S2系（父本母系）、S3系（母本父系）和S4（母本母系）。商品代肉鸭体型大，挺拔美观，羽色纯白，头适中，眼睛明亮有神，喙黄色，颈粗短，背宽平，胸部丰满，胸骨长而直，腿短粗。

　　中畜草原白羽肉鸭商品鸭42日龄平均体重3 496g，瘦肉率25.5%，料肉比1.92∶1。

　　中畜草原白羽肉鸭在全国肉鸭主产区均有推广应用，年可推广父母代种鸭500多万只，可提供商品肉鸭9亿只。

中畜草原
白羽肉鸭

中新白羽
肉鸭

中新白羽肉鸭是由中国农业科学院北京畜牧兽医研究所和山东新希望六和集团有限公司联合培育的瘦肉型白羽肉鸭配套系。该配套系由四系配套组成，分为L1系（父本父系）、L2系（父本母系）、L3系（母本父系）和L4（母本母系）。商品代肉鸭体躯丰满，体型挺拔美观，羽色纯白，体型大，眼睛有神，喙黄色，颈粗短，背宽平，胸部丰满突出，腿短粗。

中新白羽肉鸭商品鸭42日龄平均体重3 359g，料肉比1.85∶1，瘦肉率28.5%，皮脂率18.4%。

中新白羽肉鸭在全国肉鸭主产区均有推广应用，年可推广父母代种鸭500多万只，可提供商品肉鸭9亿只。

国绍Ⅰ号蛋鸭是由诸暨市国伟禽业发展有限公司和浙江省农业科学院等单位培育的高产青壳蛋鸭配套系。商品代蛋鸭体型中等，体躯狭长，嘴长颈细，背平直腹大，臀部丰满下垂，全身羽毛为褐麻色，虹彩呈褐色，喙黄色，喙豆黑色，胫、蹼呈橘黄色，爪呈黑褐色。

国绍Ⅰ号蛋鸭配套系商品代蛋鸭72周龄产蛋数326.9枚，平均蛋重69.6g，青壳率98%，产蛋期料蛋比2.62∶1，育成期成活率约为98%，入舍母鸭成活率约为98%。

国绍Ⅰ号蛋鸭配套系在浙江、江苏、湖北、福建等地推广较多，自2013年中试以来，累计推广商品蛋鸭约3 500万只。

国绍Ⅰ号
蛋鸭

苏邮1号
蛋鸭

　　苏邮1号蛋鸭是江苏省家禽科学研究所等单位，以我国地方鸭种质资源为素材，培育的一个高产青壳蛋鸭配套系。该配套系具有青壳率高、产蛋数高、蛋品质优良等特点。

　　苏邮1号商品蛋鸭开产日龄117d，开产体重1.4～1.5kg，90%以上产蛋率可维持6个月，平均蛋重74g，72周龄产蛋数320枚以上，青壳率95.3%，产蛋期成活率97.7%，产蛋期饲料转化率为（2.6～2.8）∶1。

　　苏邮1号蛋鸭以江苏为中心，在我国东南、华中、华南、西南等地区均有推广应用。

鹅
品种

  目前，我国鹅品种共有38个，其中地方品种30个，培育品种及配套系3个，引入品种及配套系5个。引入品种多用于肥肝生产，原产于法国的朗德鹅就是世界著名肥肝专用品种。我国地方品种有狮头鹅、四川白鹅、浙东白鹅等，浙江白鹅是白切鹅的重要原料品种。我国自主培育的鹅品种配套系有江南白鹅配套系、天府肉鹅配套系、扬州鹅。

朗德鹅

朗德鹅原产于法国西南部的朗德省，我国朗德鹅主要从法国克里莫公司引进，多用于肥肝生产，是世界著名肥肝专用品种。

朗德鹅成年体重公鹅7～8kg，母鹅6～7kg。母鹅一般210日龄开产，第一年产蛋35枚左右，第2～4年每年产蛋50枚左右。蛋重180～200g，种蛋受精率65%左右。朗德鹅经填饲3周后活重可达10～11kg，肥肝重700～1 200g，平均重770g。

朗德鹅适应性强，成活率高，抗病易养，能适应各种生活环境，产肝性好，容易育肥。目前主要养殖地区有安徽、山东、河北、江西、江苏等地，年饲养量约为800万羽。

狮头鹅具有体型硕大、生长速度快、耐粗饲、饲料转化率高、抗病力强和风味佳等优点，是我国最大的鹅种。狮头鹅体躯呈方形，头大颈粗、前躯略高，全身背面及翼羽为棕色，前额肉瘤发达，质软呈黑色，蹠粗蹼宽，呈橙红色。

　　在正常的饲养条件下，成年体重公鹅8～10kg，母鹅6～8kg。母鹅开产日龄为160～180d。

　　2019年肉鹅存栏600万只，出栏超2 000万只。种鹅存栏约150万只，年产值超80亿元。

狮头鹅

四川白鹅

四川白鹅是主产于四川宜宾、成都、德阳、乐山、内江及重庆永川、荣昌、大足等地的中型鹅种，具有生长速度快、繁殖性能好、配合力强、适应性好等特点，在我国中型鹅种中以产蛋量高而著称，是一个理想的杂交利用母本品种或育种素材。

四川白鹅成年体重公鹅4.5～5.5kg，母鹅4.0～5.0kg；70日龄体重公鹅3.5kg左右，母鹅3.0kg左右。母鹅开产日龄200～240d，年产蛋数60～80枚，高者可达110枚；初产年产蛋数60～70枚，第2～4个产蛋年产蛋数70～110枚；公、母鹅配比为1∶（4～5），种蛋受精率88%～90%，受精蛋孵化率90%～94%。

四川白鹅已在全国的肉鹅主产区广泛推广应用，主要用作杂交改良的母本品种或良种培育中的母系育种素材，在已培育的扬州鹅、天府肉鹅配套系、江南白鹅配套系中，均有四川白鹅的贡献。

浙东白鹅原产于浙江省东部的奉化、象山、定海等县，目前种鹅主产区为象山县。浙东白鹅生长快、肉质好、耐粗饲，颇受饲养户和消费者欢迎，是白切鹅的原料品种。在肉鹅杂交生产中常作为父本使用。

浙东白鹅体型中等。成年体重公鹅5.0～5.8kg，母鹅4.2～5.2 kg。公鹅120日龄开始性成熟，适配年龄在180～210日龄；母鹅在150日龄左右开产，年产蛋量约40枚，平均蛋重约150g，蛋壳白色。

浙东白鹅种鹅在浙江象山县常年养殖30万只，另有5万只以上种鹅在江苏、江西、河南、广东、吉林等地饲养，年饲养量超过800万只。

浙东白鹅

江南白鹅

江南白鹅是由江苏立华牧业股份有限公司培育的白羽中型鹅配套系。以浙东白鹅、四川白鹅和扬州鹅为基础育种素材，育成C1、C2和B系三个专门化品系，配套模式为三系配套。

父母代种鹅全身羽毛白色，头上有肉瘤。成年体重公鹅5.7～5.9kg，母鹅4.3～4.5kg。商品鹅70日龄公母平均体重均为3.8～4kg，饲料转化率为（3.3～3.4）：1。

江南白鹅在江苏、安徽、山东、江西、福建等地推广应用较多，年推广商品代300万只，自2013年中试以来，共推广商品肉鹅约2 000万只。

天府肉鹅

天府肉鹅为四川农业大学等单位以四川白鹅、白羽朗德鹅等为育种素材培育形成的国内首个鹅配套系。为二系配套，父系来源于四川白鹅与白羽朗德鹅的杂交、回交后代，母系来源于四川白鹅。

天府肉鹅配套系商品代肉鹅10周龄体重3.6～3.8kg，料肉比（2.9～3.0）:1。

天府肉鹅配套系具有种鹅繁殖力强、商品肉鹅生长快等优点，已先后在13个省（自治区、直辖市）及周边地区进行推广应用。2012年起连续多年被列入"全国农业主导品种"，目前年推广父母代约20万只，可提供商品肉鹅800万只左右。

扬州鹅

扬州鹅是扬州大学等单位以我国优质遗传资源皖西白鹅、四川白鹅、太湖鹅为育种素材，经世代选育而成的培育品种，具有仔鹅早期生长速度快、肉质好、种鹅产蛋多、体型适中、适应性广等特点。

扬州鹅商品鹅70日龄公母平均体重约为3.81kg，饲料转化率为3.13∶1；种鹅66周龄产蛋量达75枚以上。

扬州鹅是目前推广利用十分成熟的品种，先后在江苏、河南、山东、黑龙江、山西、新疆和湖北等地推广，年推广种鹅约200万只，可提供商品鹅7 000余万只。

鸽和鹌鹑
品种

目前，我国鸽品种共有8个，其中地方品种3个，培育品种及配套系2个，引入品种及配套系3个。鹌鹑品种有3个，其中培育品种及配套系1个，引入品种及配套系2个。鸽引入品种以美国王鸽为主。我国自主培育的鸽品种配套系有天翔1号肉鸽配套系和神丹1号鹌鹑配套系等。神丹1号鹌鹑配套系我国自主培育的鹌鹑品种配套系。

美国王鸽，又称白王鸽，原产于美国新泽西州，在世界各地均有分布，有展览型白王鸽和商品型白王鸽两种。商品型白王鸽成年体重公鸽平均650g、母鸽平均620g，年平均产蛋数21枚，种蛋受精率约为91%，年产乳鸽数16～18只，28日龄乳鸽公鸽约600g、母鸽约575g。

商品型白王鸽是世界上最著名的肉鸽品种之一，全身羽毛白色，身体较长，尾平，体态丰满结实，体躯宽阔而不短，两腿直立而阔，体质健壮，成活率高，屠宰后光鸽外观好，肤白，深受消费者喜欢。

美国王鸽

天翔1号肉鸽配套系是由深圳市天翔达鸽业有限公司和广东省家禽科学研究所共同培育的白羽肉鸽新品种，特点是繁殖性能好，哺育亲仔能力强，生长性能高。父母代公鸽头部清秀，颈粗，背宽胸深，胸肌饱满；母鸽体态丰满结实，尾羽略向上翘。

天翔1号肉鸽配套系商品代乳鸽28日龄体重达600g以上，成活率为97%，屠宰率约87%，屠宰后光鸽外观好，肤白。

天翔1号肉鸽配套系在广东、广西、浙江、江苏、安徽、河北、新疆等地区推广应用较广，父母代种鸽存栏量600多万对，年出栏商品代乳鸽10 000多万只。

天翔1号
肉鸽

神丹1号鹌鹑配套系由湖北省农业科学院畜牧兽医研究所和湖北神丹健康食品有限公司联合培育的蛋用鹌鹑配套系。商品代雏鹌鹑羽色自别雌雄，成年母鹌鹑羽毛为黄麻色。商品代鹌鹑具有体型小，耗料少，产蛋率高，蛋品质适合加工，群体均匀度好等特点。

神丹1号商品代鹌鹑开产日龄43～47d，35周龄入舍鹌鹑产蛋数155～165枚，平均蛋重10～11g，平均日耗料21～24g，饲料转化率（2.5～2.7）：1，35周龄体重150～170g。

神丹1号鹌鹑配套系已建立以湖北为中心，辐射河南、浙江、安徽、江西、云南等全国20多个省（自治区、直辖市）的良种繁育体系。

神丹1号
鹌鹑